Louis de Launay

La Reconstitution minière de la France

Étude

 Le code de la propriété intellectuelle du 1er juillet 1992 interdit en effet expressément la photocopie à usage collectif sans autorisation des ayants droit. Or, cette pratique s'est généralisée dans les établissements d'enseignement supérieur, provoquant une baisse brutale des achats de livres et de revues, au point que la possibilité même pour les auteurs de créer des œuvres nouvelles et de les faire éditer correctement est aujourd'hui menacée. En application de la loi du 11 mars 1957, il est interdit de reproduire intégralement ou partiellement le présent ouvrage, sur quelque support que ce soit, sans autorisation de l'Éditeur ou du Centre Français d'Exploitation du Droit de Copie , 20, rue Grands Augustins, 75006 Paris.

ISBN : 978-1985803183

10 9 8 7 6 5 4 3 2 1

Louis de Launay

La Reconstitution minière de la France

Étude

Table de Matières

INTRODUCTION	6

I. — LES DESTRUCTIONS SYSTÉMATIQUES	10

II. — ÉTAPES GÉNÉRALES DE LA RÉFECTION. — OPÉRATIONS D'ENSEMBLE	21

III. — EXAMEN DE QUELQUES CAS PARTICULIERS	30

INTRODUCTION

Les étrangers qui nous abordent gaiement, venant d'un pays allié où n'a pas sévi l'invasion, s'étonnent parfois de nous voir accueillir avec quelque amertume leurs paroles aimables, leurs protestations de sympathie, leur satisfaction de se remettre à commercer et à vivre. Ils reprochent aux Français d'avoir perdu le sourire. Alors nous les conduisons dans la zone des destructions et des massacres, devant ces villes dont il ne reste plus pierre sur pierre, devant ces usines scientifiquement annihilées, devant ces champs de mort où dorment l'activité, la joie et l'espoir de notre jeunesse... Le temps passe et les ruines restent ! En dépit de tous les efforts, nous n'arrivons pas à rendre habitable notre demeure de famille profanée, à « cultiver notre jardin. » Et l'impatience nous prend en constatant que la vie, au lieu de s'améliorer, semble devenir chaque jour plus coûteuse et plus difficile. Des problèmes, autrefois presque ignorés de la foule, comme ceux du charbon, des transports et du change, attirent maintenant l'attention publique et, sans en comprendre toujours le mécanisme, la gravité, ni la part contributive dans le malaise général, on s'aperçoit douloureusement qu'ils existent, comme on apprend la présence d'un organe en le sentant malade. Pour nous borner au charbon, chacun conçoit aujourd'hui plus ou moins nettement le rôle prépondérant de ces vilaines pierres noires dans notre civilisation moderne et les difficultés inextricables auxquelles on se heurte quand, non seulement leur prix augmente (ce qui serait à la rigueur réparable), mais quand la substance même fait défaut. Aussi demande-t-on aux spécialistes avec quelque angoisse combien de temps durera la disette actuelle, quelles sont les causes de sa persistance et comment il se fait que l'on n'arrive pas à y remédier. Ce sont les questions auxquelles nous allons essayer de répondre.

Le mal dont nous souffrons n'a guère eu de précédent, bien que les hommes se soient parfois entretués beaucoup plus longtemps encore, bien qu'ils aient trop souvent dévasté, pillé et incendié. Mais jamais leur frénésie n'avait encore pris cette forme hautement scientifique, et jamais ils n'avaient appliqué leur science, avec une telle méthode, une telle persévérance, à détruire. Partout, dans l'univers civilisé, on avait fini par s'imaginer que la guerre même obéissait désormais à certaines lois internationales. On n'ignorait pas que les champs de bataille devaient fatalement souffrir par les obus ou les balles ; mais, depuis les temps lointains où des hordes sauvages mettaient à sac les villes conquises, on s'était habitué à penser qu'un pays occupé par l'envahisseur pouvait sortir de ses mains sans avoir subi d'autres dommages que des réquisitions d'argent, de vêtements, d'étoffes, de vivres, — ou de pendules. Ce qui s'est passé en France de 1914 à 1918 a renversé, — aurait dû renverser à jamais, — les illusions des légistes. En ce qui concerne notre sujet spécial des mines, je dirai tout à l'heure que les ravages de la bataille, même la plus furieuse, du bombardement, même le plus intensif et le plus prolongé, sont peu de chose à côté des méfaits exécutés volontairement, sciemment, systématiquement. Jamais n'est apparu dans une plus désolante crudité le contraste entre la faiblesse de l'homme, quand il veut édifier, et sa puissance, lorsqu'il s'acharne au mal. Quelques secondes anéantissent un arbre centenaire ; elles suffisent aussi pour jeter bas une usine, pour rendre une mine inexploitable pendant des années.

On ne dira jamais assez que, si nos mines du Nord s'éternisent dans l'état de désolation où nous les voyons, si toute notre industrie française manque de charbon, si par conséquent nous sommes obligés d'acheter à l'étranger et de nous endetter sans cesse davantage, ce n'est pas l'effet naturel et inévitable des opérations militaires, mais l'exécution du programme le plus épouvantablement raffiné que des hommes aient jamais conçu. Les Allemands ont commencé la guerre avec l'intention bien arrêtée de ruiner l'industrie française, de supprimer notre concurrence, de nous forcer à acheter chez eux. Ils ont voulu que, pendant des années, il n'y eût plus de France industrielle sur le marché du monde. Ils y ont presque réussi. Quand bien même ils désireraient aujourd'hui réparer le mal commis, ils ne le pourraient plus, et nous les connaîtrions bien mal, si nous supposions chez eux un tel désir. Ils doivent, au contraire, assister avec quelque ironie à l'évolution par laquelle la France est fatalement amenée à se retourner vers eux pour leur acheter des machines qui, en Angleterre et en Amérique, atteignent, par l'effet du change, des prix ruineux. Les conditions d'achat ne sont pas, il est vrai, tout à fait celles qu'ils avaient rêvées, puisque les sommes à recouvrer sur nous entrent dans le large compte des réparations. Mais, en attendant un avenir dont nul ne possède le secret, c'est la France, ce n'est pas l'Allemagne qui a son industrie arrêtée, paralysée, et qui est obligée d'acquérir à l'étranger ce dont elle a besoin, au lieu de se vivifier par l'exportation.

Actuellement, il faut bien voir les choses telles qu'elles sont, en dépit de l'optimisme, un peu lassant et décourageant à la longue, que professent quelques milieux officiels. Nous manquons de charbon et nous en manquerons très longtemps. Notre houille blanche, dont la mise en valeur se développe chaque jour, est mangée d'avance ; la possibilité de se procurer du « mazout, » ce résidu du pétrole sur lequel on se jette en ce moment, est des plus limitées. Nos rares mines de charbon françaises demeurées indemnes doivent renoncer à augmenter leur production pour des raisons sociales qui, dans cette industrie si spéciale, se superposent à des impossibilités techniques. Le charbon allemand ne nous arrivera que dans la mesure où les Allemands le voudront bien, et notre politique dans la Ruhr, peut-être très profonde, mais difficilement compréhensible, ne les a pas forcés à le vouloir. La conséquence un peu imprévue est que bien des questions de surproduction, envisagées jadis avec inquiétude, ne se posent plus.

On se demandait, par exemple, en additionnant avec notre production de fonte celle de la Lorraine désannexée, comment nous arriverions à placer et à exporter tout ce stock. La difficulté est levée d'une manière qu'il est permis de considérer comme fâcheuse, puisque, faute de combustible, nos usines métallurgiques travaillent à peine à demi-rendement, quelques-unes même ayant dû fermer. Pour la même raison, nous n'avons pas à craindre la surabondance de sel, alors que nos mines où on traite les eaux salées par évaporation se trouvent subir un prix du combustible presque prohibitif. Partout, et la même où nous aurions dû être les plus riches, c'est à la disette que nous nous heurtons.

Nous sommes ainsi, engagés dans un terrible cercle vicieux, dont la France finira certainement par sortir, comme elle a triomphé de dangers plus graves, à force d'ingéniosité, d'ardeur au travail et, pour employer le mot caractéristique, de « débrouillage, » mais qui, pendant deux ou trois ans au moins, demeurera singulièrement préoccupant. Tant que nous ne produirons pas assez, notre change restera bas, les prix des acquisitions indispensables pour remettre nos usines en marche seront triplés, quadruplés peut-être ; le coût de la vie continuera à subir un accroissement comparable ; la crise humaine s'ajoutera à la crise matérielle et notre reconstitution même sera retardée. Or, pour produire, il ne faut pas seulement que nos usines soient reconstruites, il faut aussi qu'elles reçoivent du charbon : que ce charbon soit, d'abord produit dans les mines, puis amené par les chemins de fer au point d'utilisation. La difficulté d'extraire du charbon ou de s'en procurer au dehors et de le transporter domine tous les malaises de l'heure présente et, quelque effort que l'on fasse, la reconstitution d'une mine détruite comme l'ont été les nôtres, suivant une méthode savante, non par un accident de guerre, demande des années. Sans vouloir critiquer aucun législateur et tout en reconnaissant la complexité extrême de phénomènes presque sans précédent, on ne peut s'empêcher de regretter profondément qu'au moment où le monde entier a tellement besoin dû houille, les mineurs du monde entier aient pris et imposé leur résolution d'en moins produire. Dans le cas spécial des mines, la limitation légale du travail est un mal qui sévit partout, mais qui atteint au cœur notre malheureux pays, — le seul où l'industrie charbonnière ait été annihilée par la volonté ennemie dans la proportion d'au moins la moitié, et où il aurait été, par conséquent, indispensable de demander un supplément de travail à l'autre moitié.

Je n'ignore pas les espoirs que l'on fonde en haut lieu, — probablement avec juste raison, — sur le développement de la Sarre, malgré toutes les difficultés que le traité de paix impose à ce développement. Je suis aussi, et je vais dire bientôt, que certaines de nos mines saccagées recommencent ou vont recommencer bientôt à produire. Le haut prix du combustible aidant, nous ferons peut-être venir de la houille des pays les plus imprévus, de la Pologne, de l'Afrique du Sud, de la Chine. Mais qu'est-ce que cela dans un temps où tout doit être refait de fond en comble, où un pays entier est à reconstruire, à remeubler, à réoutiller, où les stocks universels ont été épuisés et où, par conséquent, même les moyens de production complets, qui auraient permis de satisfaire les besoins d'avant-guerre, seraient encore insuffisants ?

Pour bien montrer comment se présentent les difficultés auxquelles nous nous heurtons dans nos mines, je vais commencer par rappeler Les destructions commises et la volonté persévérante qui les a ordonnées ; nous verrons ensuite quel est le programme de réfection et dans quelle mesure son exécution est commencée. A cet égard, les diverses régions minières du Nord et du Pas-de-Calais ne sont pas identiques ; et, pour ne pas rester dans le vague des généralités, il sera nécessaire de procéder par quelques exemples particuliers. Mais, afin de ne pas multiplier des monographies qui deviendraient vite fastidieuses pour le lecteur auquel les noms de nos grandes mines ne représentent rien de précis, je crois devoir rappeler d'abord, dans l'ordre chronologique, ce qui s'est passé.

I. — LES DESTRUCTIONS SYSTÉMATIQUES

On sait assez dans quel état, nous avons retrouvé nos principales régions industrielles du Nord et de l'Est et j'aurais à peine besoin de rappeler des misères bien connues, s'il ne fallait préciser la différence de gravité entre les dommages de guerre et les destructions systématiques. Les premiers, qui se traduisent au jour par la pulvérisation, l'écrasement, l'annihilement des bâtiments et des machines, attirent surtout l'attention de celui qui vient visiter ces malheureux pays ; ils n'atteignent que la surface, et on peut les comparer à de larges plaies sur un blessé robuste. Les autres, au contraire, qu'on ne voit pas du dehors, dont les techniciens comprennent seuls l'importance, atteignent des organes internes, délicats et vitaux. Pour en faire concevoir toute la gravité et préparer aussi les explications que nous aurons à donner sur le programme de réfection, il n'est peut-être pas inutile de rappeler en deux mots comment vit cet être si délicat que l'on appelle une mine.[1]

Les chantiers souterrains, où l'on exploite le charbon, sont situés à des profondeurs très variables, qui, dans notre bassin du Nord, dépassent parfois 800 mètres. En principe, cette profondeur, sur laquelle se porte généralement d'abord l'attention des visiteurs

---

1 On me permettra de renvoyer, pour cette organisation de la mine moderne, à mon ouvrage de *La Conquête minérale* (*Bibl. de philosophie scientifique*, Flammarion, 1908).

étrangers, toujours étonnés de pénétrer aussi loin sous terre, n'a d'intérêt très sérieux qu'au moment du fonçage. Une fois le gisement profond atteint, peu importe que celui-ci soit plus ou moins bas. L'extraction dure seulement quelques secondes de plus et coûte un peu plus cher. Mais, quand il s'agit de créer une mine ou de la reconstituer, la profondeur des puits, celle des « morts-terrains » à traverser pour atteindre les couches houillères, reprend une influence prépondérante sur la durée et la dépense de l'opération.

Les travaux souterrains ne communiquent, en effet, avec le jour que par un très petit nombre de puits, au moyen desquels se font l'entrée et la sortie des hommes, l'extraction du charbon, l'épuisement de l'eau, la ventilation. Un puits du Nord revenait couramment, avant la guerre, à 3 millions de fonçage et cuvelage (ce qui représenterait au moins le quadruple aujourd'hui) et demandait souvent trois ou quatre ans de travail. L'installation d'une fosse, ou siège d'exploitation, avec ses deux puits, était évaluée entre 10 et 12 millions. On conçoit donc qu'on évitait d'en multiplier le nombre (tout en dépassant largement, à cet égard, ce qui se faisait à l'étranger) et que l'on préférait y forcer l'intensité de la circulation. Un puits devient ainsi comparable à une ligne de chemin de fer incessamment parcourue par des trains dont la vitesse moyenne est de 40 kilomètres à l'heure et atteint 100 kilomètres. Anéantir le puits, c'est supprimer la communication entre le fond et le jour, c'est rendre la mine inexploitable ; réduire le nombre des puits, c'est provoquer un « embouteillage » analogue à ceux avec lesquels la guerre nous a familiarisés sur nos voies ferrées.

J'ajoute, pour donner aussitôt l'explication de deux termes techniques dont nous aurons à faire l'application fréquente, qu'un puits est enveloppé souterrainement d'une ceinture étanche en bois ou en fonte, appelée son « cuvelage » et assimilable au tunnel du Nord-Sud placé verticalement, avec même rôle de protection contre l'infiltration des eaux. Au jour, l'orifice du puits est surmonté d'un « chevalement » en fer, en bois, en béton armé, petite tour Eiffel avec de grandes bobines, sur lesquelles passent les câbles d'extraction, portant les cages d'ascenseurs, et tirés par une puissante machine. Ces deux engins, le chevalement et le cuvelage, sont particulièrement importants et délicats. Le cuvelage est l'unique protection du puits et de la mine contre l'envahissement des eaux qui, dans les mines du Nord et du Pas-de-Calais, tourne vite au désastre.

Cette question des eaux est le point tout à fait essentiel de la reconstitution minière, sur lequel je me propose d'insister en parlant de Lens, mais dont il faut signaler aussitôt le principe. On ne doit pas oublier qu'un vide quelconque dans l'intérieur du sol tend rapidement à être envahi par les eaux, ou profondes ou superficielles. Il crée un champ de drainage et comme un réservoir pour tout ce que le sol fissuré ou percé peut contenir ou absorber d'eau au-dessus. Un vide souterrain sans eau est, si cela ne tient pas à ce qu'on l'épuise incessamment, un phénomène très exceptionnel. Dans le Nord, cet envahissement des eaux se trouve porté à son paroxysme par la présence, sur le terrain houiller, d'un manteau crétacé à nombreuses fissures aquifères, atteignant, suivant les endroits, 100 à 200 mètres d'épaisseur. Il en résulte que, lorsqu'on fonce un puits à traversées « morts-terrains » de la craie, perméables comme une éponge, on ne peut se borner à épuiser au moyen de pompes même très puissantes ; il faut, pour traverser ce véritable torrent, parfois animé d'un courant rapide, employer des procédés compliqués et difficiles, sur lesquels j'aurai à revenir avec quelques détails et qui consistent dans la congélation ou le cimentage des terrains aquifères. En deux mots, par un cercle de sondages verticaux enveloppant le puits, on injecte, soit un mélange réfrigérant, soit du ciment ; on transforme ainsi la zone encaissante en un bloc momentanément ou définitivement consolidé, dans lequel on devient ensuite libre de foncer. Le puits, une fois creusé grâce à ces artifices, est, au fur et à mesure, revêtu d'un cuvelage étanche en bois ou en fonte, exceptionnellement en béton armé. Alors, tant que ce cuvelage résiste, les eaux de cette grande nappe aquifère ne pénètrent plus directement dans le puits ; il en arrive seulement, dans les travaux, une quantité minime par de longs circuits fissurés traversant tout le terrain houiller ; et ces eaux, dans de telles conditions, ont une venue assez lente pour que les machines d'épuisement dont on dispose aujourd'hui en triomphent.

Pour préciser par des chiffres, disons que, dans une des mines les plus aquifères du Pas-de-Calais, une de celles heureusement échappées à l'invasion, à Bruay, l'entretien d'eau normal est de 5 à 6 000 mètres cubes par jour, et l'on est outillé pour en extraire 38 000 dans le cas d'une venue subite et exceptionnelle. Les niveaux d'eau de la craie au-dessus du terrain houiller, ceux qu'on traverse avec tant de peine, donnent parfois d'une façon continue, à Dourges, Marles, etc. jusqu'à 24 000 mètres cubes par jour, à peu près le 500ᵉ du débit de la Seine à Paris. Une mine abandonnée nécessite donc un épuisement d'eau journalier qui est le principal travail d'entretien pendant un chômage ; faute de quoi, elle est envahie étage par étage avec une vitesse ascensionnelle atteignant un mètre par jour et subit tous les ravages ordinaires d'une inondation. Si la nappe aquifère de la craie vient à entrer en jeu, comme cela s'est produit dans le Nord par la volonté criminelle des Allemands, l'introduction d'eau acquiert une rapidité qui peut être dix fois plus grande et l'on n'estime pas à moins de 30 millions de tonnes kilométriques cette sorte de lac souterrain qu'il va falloir vider dans l'ensemble de notre bassin houiller.

Il faut bien comprendre que, le jour où l'on a ouvert une mine, c'est comme si on avait préparé souterrainement un immense réservoir tout prêt à engloutir et à absorber les eaux souterraines de la craie, aussi bien que toutes les eaux pluviales ou fluviatiles circulant à la surface. La vie d'une mine est une lutte journalière contre ce monstre envahissant qui reprend la suprématie, dès que l'homme faiblit et s'arrête quelques heures, surtout si le cuvelage crevé d'un puits établit une communication directe entre les fissures aquifères de la craie et les terrains houillers de la profondeur.

C'est cette traversée d'une zone torrentielle, comparable au passage de nos métropolitains sous un fleuve, qui rend l'établissement d'un puits si long et c'est elle aussi qui a permis aux Allemands de nous causer des ravages si difficilement réparables. Il leur a suffi de crever les cuvelages à 25 ou 30 mètres au-dessous du jour par quelques obus de gros calibre ou charges de dynamite bien placées contre cette digue facile, pour ouvrir un accès aux irruptions des eaux et forcer à recommencer, au moyen d'une nouvelle cimentation, ce fonçage si long et si coûteux. Le seul dénoyage d'une mine dont les cuvelages ont été crevés est, comme je l'expliquerai bientôt, un travail d'au moins deux ans, qu'il est impossible d'accélérer. C'est ce que nos ennemis savaient trop quand ils ont fait à notre industrie cette blessure si grave.

« Dans la plupart des cas, ont-ils dû avouer, on a fait sauter les cuvelages en attachant l'explosif au bout d'une forte poutre dont la longueur égalait à peu près le diamètre du puits. On descendait la poutre par deux cordes jusqu'à la profondeur désirée du puits et ensuite on lui donnait une position horizontale, de sorte que la charge explosive fût pressée de celle façon étroitement contre le cuvelage. »

Aux fosses 9 de Courrières, 8 et 8 *bis* de Béthune, on ne s'est pas contenté de simples brèches ; mais on a fait détoner de telles charges d'explosifs que l'éboulement s'est étendu jusqu'à la surface du sol, formant des entonnoirs de 30 mètres de diamètre sur l'emplacement des puits…

Dans le cas de l'Escarpelle, les Allemands ont même trouvé moyen de perfectionner encore leur œuvre de destruction en dérivant un canal vers l'une des fosses. Je dirai tout à l'heure avec quel esprit de méthode ces ravages nihilistes ont été accomplis à Lens.

Les dommages ainsi volontairement causés ont pu s'étendre, par les travaux souterrains, jusqu'à des mines non directement atteintes et même jusqu'à des fosses demeurées à l'abri de l'invasion. C'est ainsi que Béthune a subi de très fortes venues d'eau par les travaux souterrains de Lens, le jour où ceux-ci se sont trouvés inondés et, cela, malgré la présence d'un massif de protection qui sépare souterrainement les deux Compagnies, mais dont les fissures n'ont pas résisté à des pressions d'eau aussi anormales. Béthune s'est trouvée ainsi, pendant la guerre, amenée à épuiser 15 000 mètres cubes d'eau par jour et a dû aménager des barrages de précaution, non sans avoir à se défendre contre les efforts de l'ennemi qui alla jusqu'à lancer des émissions de gaz toxiques dans la mine par les fosses 8 et 8 *bis* situées dans ses lignes.

La destruction systématique a causé un autre dommage sérieux en atteignant certaines parties essentielles des installations extérieures, qui auraient survécu au bombardement le plus intensif et le plus prolongé. Les chevalements des puits, en treillis métallique, que je comparais tout à l'heure à de petites tours Eiffel, résistent d'une façon extraordinaire aux obus, dont les éclats se bornent à en couper quelques pièces ; la pression des gaz explosifs, ce grand agent destructeur dans les obus, ne peut s'exercer sur un réseau de ferraille sans cohésion ; et il serait aisé de citer telle fosse du Nord, servant d'observatoire aux ennemis, sur laquelle on a tiré pendant des années sans réussir à jeter bas son chevalement. Au contraire, une charge d'explosifs, bien placée pour les couper au pied, les démolit aisément.

Si l'on joint à cela un pillage, d'abord désordonné, puis méthodique ; si l'on tient compte d'une sélection qui a visé partout les appareils les plus perfectionnés et les plus modernes, on s'explique aisément l'état où se présentent à nous nos pauvres mines. Les rares installations qui ont survécu sont celles que l'ennemi a méprisées comme totalement démodées et désuètes, celles pour lesquelles le temps a manqué, ou celles enfin qu'une heureuse chance et quelquefois une habile diplomatie, appuyée sur la connaissance de la psychologie germanique, se sont trouvées préserver.

Cette psychologie, qu'il importe de signaler parce que ses sophismes ont pu tromper des neutres trop disposés d'avance à y ajouter foi, est la suivante. Il s'agissait de réaliser la destruction projetée en se couvrant d'un prétexte pour qu'elle parût moins odieuse. C'est pourquoi les dévastations systématiques ont toujours été opérées sur la zone disputée du front, ou, plus à l'arrière, après un échec allemand, dans un moment de recul, quand les Allemands ont perdu l'espoir d'utiliser nos mines pour eux-mêmes. Tant qu'ils ont occupé nos charbonnages presque pacifiquement, ils les ont souvent laissés travailler d'une manière à peu près normale sous un régime de contraintes et de réquisitions ; le jour où ils ont pu craindre d'avoir à nous les abandonner, ils ont jugé le temps venu d'accomplir leur programme primitif en les anéantissant Ainsi, les mines de Belgique se sont trouvées, en définitive, très épargnées, par comparaison avec les nôtres. Les Allemands les considéraient comme leur appartenant définitivement et n'avaient donc pas de raison pour les ruiner. Au contraire, quand ils n'étaient plus sûrs de garder un siège d'exploitation, ils se hâtaient d'exécuter leur plan de destruction, conçu, préparé dans ses moindres détails longtemps à l'avance. Mais, avec leur hypocrisie habituelle, ils s'arrangeaient pour masquer ces destructions, dont le but réel était purement industriel, par une explication stratégique, susceptible de séduire quelques incompétents. Quand ils ont fait sauter les cuvelages de nos fosses à Lens, à Courrières en 1915, puis à Anzin en 1918, ils ont prétendu que leur but était d'empêcher une communication souterraine entre le front franco-anglais et le leur. Dès 1915, les galeries de Lens, privées à dessein par eux de toute ventilation depuis neuf mois, étaient infestées de mauvais air ou envahies par l'eau et inaccessibles. Si, véritablement, il se fût agi de stratégie, on aurait pu, en outre, comme le directeur de Lens le proposa, se borner à murer les orifices des puits. L'ordre venu d'en haut était alors trop précis, correspondait à un projet trop bien assis et trop capital pour laisser espérer aucune rémission.

Néanmoins, quand les mêmes faits se reproduisirent à Anzin, en 1918, dans une heure plus décisive, certains sous-ordres, chargés d'exécuter le programme satanique, n'étaient pas sans éprouver quelque inquiétude sur leur responsabilité au jour du grand règlement de comptes, lorsque le président Wilson, sur lequel nos ennemis comptaient tous comme sur un appui et un arbitre sympathique, se trouverait en présence de destructions sans aucun simulacre d'excuse militaire. En invoquant cet argument vis avis d'eux, en obtenant qu'il fût transmis jusqu'au Grand Quartier général allemand dans ces jours d'octobre 1918 où, à la veille de l'armistice, tant de ravages ont été opérés, on est arrivé parfois à sauver des installations accessoires, comme les ateliers d'agglomération et de lavage, ou les fours à coke d'Anzin.

Les phases successives de cette dévastation criminelle montrent, avec une netteté absolue, le coupable se hâtant de détruire les mines au fur et à mesure de son recul, chaque fois qu'il a pu craindre de les voir retourner intactes entre nos mains. Résumons donc rapidement cette histoire. L'invasion de nos mines débuta le 24 août 1914 par Anzin ; mais c'est seulement quand commença la course à la mer que cette prise de possession s'accentua. Le 1er octobre, l'ennemi, progressant vers l'Ouest, prenait Aniche ; le 3, Courrières et Bourges ; le 4, Lens et Carvin ; le 6, Liévin. Puis le front se stabilisa pour de longs mois, suivant la ligne trop bien connue qui coupait Drocourt, Liévin, Courrières et Lens, comme le montre la carte ci-jointe. Dès ce moment, et quoique la région des grandes batailles ne fût pas là, mais plus à l'Ouest ou à l'Est, sur ces

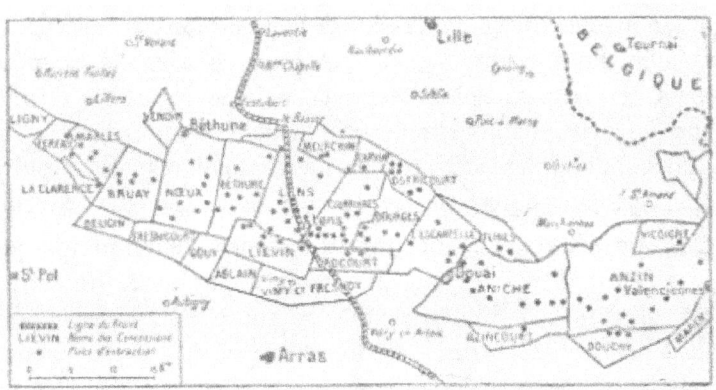

CARTE DES CONCESSIONS HOUILLERES DU NORD ET DU PAS-DE-CALAIS

concessions voisines du front et exposées à un incident de guerre, l'ennemi saccagea les instruments d'extraction et les communications du fond avec le jour. Il coupa les câbles porteurs de ces cages d'ascenseurs qui circulent dans un puits de mine sur 7 ou 800 mètres de haut, précipita les cages elles-mêmes dans les puits, brisa les moteurs électriques ou à vapeur. Enfin, ce qui indique bien, dès lors, la visée industrielle pour l'avenir, à cette même époque les exploitants de Courrières et de Lens reçurent déjà la défense formelle de procéder à aucun travail d'entretien souterrain ou d'épuisement des eaux : travaux indispensables, comme nous l'avons vu, dans une mine arrêtée, si on ne veut pas que les galeries soient envahies par l'eau et s'éboulent. Néanmoins, pendant près d'un an, le mal resta limité et les déprédations consistèrent surtout dans la réquisition des cuivres, qui avait pour résultat de briser à coups de masse tout appareil contenant si peu que ce fût du précieux métal. Mais l'offensive franco-anglaise du 25 septembre 1915 fournit à l'ennemi le prétexte et l'occasion de mesures plus graves qu'il devait ensuite appliquer successivement aux autres concessions pendant ses reculs successifs jusqu'à l'automne 1918. A ce moment, l'armée britannique avait enlevé la ville de Loos et la fosse 15, des mines de Lens. Le moment parut venu de faire sauter les cuvelages à plusieurs fosses de Lens (n° 5, 11, etc.), inondant ainsi, non seulement la concession de Lens, mais celles de Meurchin et Liévin, qui communiquent souterrainement avec elle. En même temps, des équipes de pionniers venaient briser le matériel de mine superficiel et dynamiter toutes les chaudières ; tous les moteurs électriques et groupes électrogènes étaient enlevés ; des explosifs étaient préparés pour renverser les chevalements en cas de recul.

Une nouvelle étape dans cette œuvre de dévastation fut marquée quand, en avril 1917, les Anglais eurent conquis la crête de Vimy. A partir de cette date, l'œuvre de mort, accomplie à Lens, se reporta plus à l'Est vers Courrières et Dourges : bris de 160 chaudières à Courrières ; destruction des machines, criblages, passerelles, etc. et, pour conclusion, le cuvelage de la fosse 9 détruit à Courrières, retirant à la France une production annuelle de 4 millions de tonnes.

Enfin, c'est dans le mois d'octobre 1918, à la veille de l'armistice, que furent annihilées les mines plus orientales d'Aniche et d'Anzin, représentant à elles seules une extraction de 8 millions de tonnes. Comme partout, l'opération y fut exécutée avec méthode, suivant un programme tracé longtemps à l'avance et dans un minimum de temps. Dès la fin de septembre, les chambres d'explosion sont préparées à Aniche. Le 1er octobre, trois équipes de 75 pionniers se mettent au travail. En six jours, ils anéantissent treize sièges d'extraction, les laveries, les fours à coke, les voies ferrées, les ponts. A Carvin (au Nord de Courrières), tout saute le 4 octobre ; à Flines-les-Raches, du 5 au 7 octobre ; à Anzin et Douchy, du 3 au 15 octobre. A Anzin notamment, dès le 3 octobre, on se met à crever le cuvelage de la fosse Thiers, à couper les chevalements, à faire sauter les chaudières. A l'Escarpelle, il y eut de même trois cuvelages crevés.

La toute dernière étape met particulièrement en évidence la

duplicité allemande, contre laquelle nous ne serons jamais assez en garde. On sait que, le 15 octobre, Hindenburg, sur un ultimatum des Etats-Unis, donna un ordre interdisant toutes les destructions sans utilité militaire. Outre la crainte de mécontenter leur arbitre, les Allemands, à ce moment, auraient dû avoir le sentiment de la note à payer, qui grossissait démesurément. Mais un commerçant résolu à faire faillite ne recule plus devant l'énormité des dettes nouvelles, et l'intérêt économique de ruiner plus complètement encore notre pauvre industrie minière primait toute autre considération.

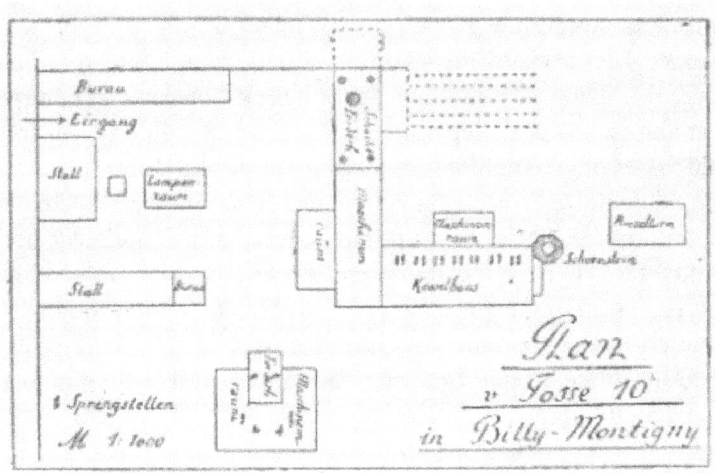

PLAN DE DESTRUCTION SYSTÉMATIQUE D'UNE MINE FRANÇAISE PAR LES ALLEMANDS (SPRENGSTELLEN : POINTS D'EXPLOSION)

Cet ordre Hindenburg, donné pour le public, resta donc lettre close, et c'est treize jours après, le 28 octobre, qu'un bataillon de pionniers arriva sur la concession de Crespin, restée jusqu'alors intacte, pour y détruire totalement, comme ailleurs, les machines d'extraction, chevalements, chaudières, turbines, fours à coke. Cela parut si grave même à l'agent d'exécution allemand, le capitaine Edelman, qu'il réclama et obtint de Ludendorff l'ordre écrit de poursuivre les destructions.

Nous sommes arrivés au terme de cette triste histoire. En ce qui concerne les dégâts à réparer, la conclusion est la suivante. Les dommages résultant de la guerre elle-même se bornent à la superficie sur la zone profondément dévastée du front (Lens, Liévin, Courrières, Dourges), où ils se résument en des amoncellements de matériaux éboulés et de fers tordus. Ailleurs, ils ont été légers et rapidement réparables. Les dommages systématiques s'étendent à toute la zone occupée par l'ennemi et sont énormes. J'aurai à revenir, quand nous nous occuperons des réparations, sur le tableau que présentent ces monceaux de briques écroulées ou réduites en poudre, ces fosses d'où l'eau dégorge à la surface. Les cuvelages crevés immobilisent, dans le Bassin de Lens, une production de 8 millions de tonnes ; à Courières et Dourges, 4 millions ; dans le département du Nord, 8 millions. Au total, 220 fosses ont été rendues inutilisables pour plusieurs années et la moitié de notre production nationale a été annihilée : exactement 21 millions de tonnes sur 41 millions, avec les trois quarts de notre production de coke métallurgique. Auprès du dommage indirect qui en résulte pour notre pays par l'impossibilité de produire, on peut considérer comme presque secondaire le prix du dommage matériel, bien qu'on l'estime au moins à trois milliards. Si un coup de baguette pouvait nous rendre nos mines telles qu'elles étaient avant la guerre, telles que sont restées les mines allemandes, dont aucune n'a eu à souffrir le moindre dommage, telles que sont celles de tous nos concurrents mondiaux qui nous accusent volontiers de mendicité, nous aurions avantage à payer le sorcier qui réaliserait un tel miracle, une somme supérieure à trois milliards !…

Et je n'ai parlé ici que de nos mines. Peut-être n'est-il pas inutile de rappeler que le même plan a été réalisé par nos ennemis pour toute cette industrie du Nord, dont nous n'avions jamais apprécié le rôle prépondérant dans notre vie économique comme depuis le jour où son appui nous fait défaut. Partout, nous voyons qu'on a procédé à peu près de même : d'abord par réquisitions régulières, puis par réquisitions générales, en emmenant au besoin le directeur comme otage. On a volé ainsi tous les stocks de matières premières, tous les métaux, puis toutes les machines-outils, les trains de laminoirs, les machines soufflantes, les groupes électrogènes, les ponts roulants, les transmissions, les courroies, les instruments de précision des laboratoires, etc. Enfin, on s'est attaché à démolir, ou à rendre savamment inutilisables les appareils difficiles ou impossibles à transporter. On a brisé au marteau et réduit en ferraille les pièces métalliques, les broches de filature. On a fait sauter à la dynamite les hauts-fourneaux, les fours ou les fonderies. Du moins, si l'on se voyait contraint d'épargner la carcasse extérieure, on a coupé le haut-fourneau de la soufflerie, dépouillé le four Martin de ses indispensables produits réfractaires. Au moment où il s'agit pour nous de remettre en état nos mines dévastées, c'est ainsi tout notre outillage industriel qui nous fait défaut…

II. — ÉTAPES GÉNÉRALES DE LA RÉFECTION. — OPÉRATIONS D'ENSEMBLE

Lorsque nous sommes rentrée en possession de nos mines, les techniciens, si préparés qu'ils fussent, éprouvèrent une première impression d'effarement. On n'avait pas traversé les années de guerre sans s'inquiéter de ce que devenaient nos charbonnages et sans recevoir parfois des renseignements sur ce qui s'y passait. A Paris, on avait, en conséquence, commandé de bonne heure des machines d'extraction et d'épuisement pour remplacer les premières machines détruites du Pas-de-Calais ; tandis que, sur les mines, les ingénieurs restés à leur poste multipliaient les mesures de préservation pour parer aux inconvénients d'un chômage. Mais on se trouvait en présence d'une destruction dépassant tout ce qu'on avait imaginé. La région envahie de nos mines avait été transformée en un désert, séparé du reste de la France par un autre désert, où il ne restait plus ni routes, ni ponts, ni canaux, ni voies ferrées. Avant de se mettre localement à la besogne, il fallait évidemment, tout d'abord, rétablir les moyens de communication. Ce fut la première tâche, la plus urgente, et on peut dire qu'elle a été très remarquablement exécutée, puisqu'un an après l'armistice a peu près tout notre réseau ferré était rétabli. Je vais me trouver ainsi passer sous silence ce côté essentiel de la reconstitution, précisément parce qu'il appartient désormais au passé ; mais il aurait été injuste, ayant tout à l'heure à insister sur des points où la rapidité n'a pu être aussi grande, de ne pas signaler d'abord l'œuvre immense accomplie sur nos voies ferrées. Sur le seul réseau du Nord, il a fallu refaire 1 966 kilomètres de voies, 1 100 ponts, 9 viaducs et 4 tunnels ; sur le réseau de l'Est, 2 300 kilomètres de voies, 410 ponts et 10 tunnels...

Pour les mines elles-mêmes, le programme de réfection peut être résumé en trois termes principaux : déblayer et reconstruire à la surface ; épuiser les eaux ; rentrer dans les galeries souterraines et les remettre en état. Dans le détail, chacun de ces problèmes se pose très différemment suivant le degré d'intensité atteint par la destruction et, comme nous l'avons annoncé, nous serons amenés à envisager tout à l'heure quelques monographies qui seront, pour nous, le seul moyen de faire voir, dans son détail vivant et pittoresque, la réalité, la matérialité de l'effort. Mais il est toutefois une question préjudicielle qui intéresse peut-être nos lecteurs plus que toute autre, c'est de savoir si cette multitude d'efforts locaux ont bien été rationnellement subordonnés à des idées d'ensemble ; si l'intérêt général du pays, que cette crise du charbon atteint si profondément, s'est trouvé représenté et défendu en même temps que les très respectables intérêts individuels. En un mot, un problème général d'organisation se posait avant tout problème de réalisation partielle et doit être examiné le premier.

A cet égard, il peut y avoir et il y aura nécessairement toujours des discussions et des critiques. La centralisation administrative a ses défauts comme elle offre des avantages. Suivant que l'on est plus ou moins opposé à l'Etatisme, on peut être plus ou moins frappé par les uns ou par les autres. Néanmoins, il n'est pas douteux que, dans une œuvre d'une amplitude pareille, un effort de coordination s'imposait et que chacun s'y est appliqué pour le mieux, souvent avec le plus noble esprit de sacrifice. Les difficultés de tous genres qui se présentaient n'étaient pas aisées à résoudre avec une justice absolue. En principe, il s'agissait de réparer entièrement aux frais de l'État les dommages causés, mais pourtant de ne pas faire payer par la communauté des améliorations utiles aux sinistrés pour l'avenir ; il fallait également établir, entre les diverses victimes de la guerre, une répartition équitable. Pour exécuter cette immensité de travaux, l'État s'est substitué des groupements, qui, à leur tour, ont souvent sous-traité avec les Compagnies minières, de manière que chacune de celles-ci travaillât en définitive sur sa propre concession, comme entrepreneur indirect de l'État, avec un contrat où tous les détails ont été prévus de la manière la plus minutieuse. Il semble que, de cette manière, on ait réussi, après quelques tâtonnements, à concilier quelque peu les rigueurs d'un système centralisateur avec la souplesse des initiatives privées.

Le premier créé de ces organes centralisateurs fut, dès l'été 1917, le « groupement » chargé d'étudier les problèmes de reconstitution et de commander le matériel nécessaire. Ce groupement, dont les réunions se continuent régulièrement, met en présence les uns des autres les divers intéressés et leur fait connaître les formes diverses sous lesquelles peuvent se poser des problèmes qu'ils s'efforcent de résoudre ensemble. Il en est résulté une « Commission technique » affiliée au Comptoir Central d'achat : Commission qui, dès novembre 1917, passait de très importantes commandes en pompes de dénoyage, treuils électriques, etc. Le groupement a constitué aussi une « Société électrique des houillères, » groupant toutes les mines du Pas-de-Calais, envahies ou non et ayant pour mission de construire, pour les besoins communs, les Centrales électriques indispensables. On peut ajouter un dernier organe plus récent, chargé de régler toutes les questions que soulève le problème du dénoyage dans cet ensemble de concessions dont les travaux souterrains communiquent ensemble. C'est une société de dénoyage à forme commerciale, représentant les diverses mines syndiquées et chargée par elles de traiter avec les entrepreneurs.

Le jour où le « groupement » s'est mis à l'œuvre, il s'est vu aussitôt en présence du plus grave problème moral. Nos mines étant à des degrés de destruction très divers, si elles n'avaient eu toutes qu'un seul possesseur, celui-ci aurait évidemment parlé d'abord toute son énergie sur les réparations les plus simples et il eût tout subordonné au désir de recommencer rapidement à produire, à alimenter le pays en charbon. Mais on eût dû, pour cela, négliger totalement ceux qui ont le plus souffert et auxquels va d'abord notre pitié, abandonner le soin des grands blessés pour la cure facile des mutilations légères. Un sentiment très vif et très légitime aurait été froissé si on eût délaissé, à ce point, les malheureuses concessions de Lens, Liévin, Courrières, etc. au bénéfice de mines ayant relativement peu souffert, comme celles du Nord.

Cependant on a déjà fait beaucoup dans ce sens et des cas remarquables de solidarité ont pu être réalisés. Ainsi les mines du Pas-de-Calais avaient, depuis longtemps, commandé du matériel de remplacement, tandis que les mines du Nord, dont la destruction a été seulement réalisée à la dernière heure, n'avaient pu témoigner de la même prévoyance. En revanche, ces machines pouvaient être immédiatement utilisées dans le Nord, tandis qu'elles ne devaient malheureusement pas servir avant longtemps dans le Pas-de-Calais. Il fut donc décidé qu'une partie de ce matériel serait rétrocédée au Nord : ce qui permit, en même temps, d'aborder les solutions relatives au Pas-de-Calais avec des vues d'ensemble plus dégagées du passé, et de commander des types plus puissants que ceux qui avaient été antérieurement prévus. D'une manière générale, on a divisé les mines détruites en trois groupes principaux, suivant l'urgence de leur remise en marche dans l'intérêt national : 1° Anzin et Aniche ; 2° Dourges et Courrières ; 3° Lens et Liévin. On conçoit, par exemple, qu'il était inutile de fournir, en ce moment, des machines d'extraction à Lens qui ne pourra recommencer une extraction sérieuse avant longtemps.

La question du personnel n'est pas sans analogie avec la précédente, sauf qu'elle se pose à la fois, pour l'ensemble de la France et il ne semble pas que celle-là ait été résolue par l'Etat avec une méthode suffisante. Tant que les travaux du fond seront arrêtés ou très réduits dans les mines détruites du Pas-de-Calais, il eût été d'une bonne politique générale de laisser les mineurs réfugiés dans les mines du Centre, de Saint-Etienne ou du Gard, où leur départ a provoqué une crise, qui a beaucoup contribué à la disette de charbon actuelle. Dans le Nord, on pouvait aisément les remplacer par des manœuvres, ou des ouvriers d'autres métiers. On n'a pas osé arrêter le retour de tous ces hommes qui languissaient dans des pays étrangers, auxquels ils n'avaient pu s'accoutumer, dont ils comprenaient à peine la langue, dans des mines où tout, jusqu'au mode de travail, les surprenait. On les a laissés céder à l'attirance de leur pays saccagé, où ils sont retournés vivre dans des baraques de planches ou des caves. Ce sentiment est très naturel ; mais la satisfaction prématurée en a été fâcheuse pour l'ensemble du pays.

Malgré ces légères observations, des résultats fort intéressants ont été obtenus dans la voie de la centralisation et de la « standardisation » et je vais commencer par les résumer, en examinant tour à tour le problème financier, la distribution de force, l'unification de l'outillage, la main-d'œuvre, afin de pouvoir ensuite aborder plus librement la description de trois cas particuliers. *Le problème financier.* — L'énormité des dépenses à engager et, il faut l'ajouter, leur accroissement considérable par la baisse de notre change, créent des difficultés, dont on devra de plus en plus reconnaître l'acuité. Nous ne sommes plus au temps où l'on pouvait se contenter de répondre vaguement : « Le Boche payera. » Il est devenu trop évident que, jusqu'ici, par suite des conditions dans lesquelles a été signé le traité de paix, l'Allemand ne paye rien et que le contribuable français, forcé de devenir le banquier du vaincu, est amené à tout payer : mettons, si l'on veut, à faire l'avance de tous les frais. Dans ces conditions, les Compagnies minières ont commencé par travailler quelque temps sur leurs propres ressources. Mais ces ressources se sont rapidement épuisées. Une mine dont le budget était de 8 millions, est amenée à effectuer des achats qui représenteraient 80 millions aux cours d'avant-guerre, soit 300 aux taux actuels. Pratiquement, les frais sont réglés par l'Etat ; et il est facile de comprendre comment l'intensité de l'effort réalisable en un temps donné se trouve ainsi, indépendamment de toute autre, difficulté technique, subordonnée à la capacité d'achat que possède notre pays à l'étranger : par conséquent, au cours de notre change. Pour ne pas recourir à l'étranger, il faudrait que nos usines fussent reconstituées et réapprovisionnées ; il faudrait que le Nord fût sorti de la destruction. Quant à acheter dans des pays dont le change ne nous serait pas défavorable, cela revient exclusivement à acheter en Allemagne et cela nécessite tout au moins que nous puissions faire respecter dans une faible mesure les conditions essentielles du traité de paix, jusqu'ici escamotées, grâce à certaines complicités, les unes après les autres.

En supposant que, par un moyen quelconque (en fait, par l'emprunt), la caisse destinée à payer les dommages de guerre se trouve à peu près alimentée, le principe est de rembourser une partie des dépenses réellement faites, avec le retard administratif habituel qui grève en moyenne de 3 ou 4 p. 100 toutes les dépenses d'Etat : au moins, trois mois de retard ; puis règlement en bons du Trésor qu'il faut financer en les escomptant. Quelquefois la mine opère des achats directs ; ailleurs, elle doit passer par ce qu'on appelle « le groupement, » en laissant intervenir « le comptoir d'achats industriels des régions envahies. » Le payement s'opère sur crédits spéciaux. Les sommes ainsi touchées ne sont naturellement que des avances imputées sur les indemnités à recevoir un jour pour les dommages de guerre ; et, malgré la mentalité spéciale à laquelle ont dû se conformer nos industriels avec des budgets dont tous les chapitres, en recettes comme en dépenses, ne sont plus pour eux qu'un vaste inconnu, nos mineurs seraient pourtant bien aises de commencer, près de deux ans après l'armistice, à recevoir quelque indication, sinon sur les sommes à espérer, du moins sur le mode de calcul à adopter. Faute de quoi, ils restent souvent dans la situation d'un sinistré qui n'ose rien remuer, attendant toujours les constats après un incendie. Actuellement, on en est à peine à constater les dommages. Ce sont des accumulations de paperasses dont on se fera une idée si je dis que, pour une seule de nos concessions, ils rempliraient déjà de fond en comble une vaste pièce sur une vingtaine de mètres cubes. Après quoi, il faudra encore adapter aux dégâts une série de prix ; et ces prix, en attendant, augmentent de jour en jour. Pour sortir de telles difficultés, on semble en principe s'être mis d'accord sur la méthode suivante. La Compagnie minière ouvre un compte de réfection pour les fosses détruites, où elle inscrit ses dépenses effectives. Puis, à partir du moment où on commence à extraire un peu de charbon, les recettes réelles sont déduites de ces dépenses, après prélèvement d'une certaine somme pour les frais généraux. La différence pourra être considérée comme représentant la réparation effective du dommage.

Mais ce qui est relativement simple quand la destruction a été complète, devient plus compliqué quand on peut, dans une certaine mesure, utiliser des parties subsistantes, murs ou matériaux. Tout raser pour reconstruire à neuf, c'est, dans ce cas, augmenter les frais ; réparer tant bien que mal, c'est accepter une dépréciation difficile à calculer et se mettre dans un état d'infériorité notable vis à vis des mines qui ont été forcées de se réorganiser entièrement à la dernière mode. Il est impossible de ne pas faire au moins allusion aux problèmes de conscience qui se posent alors. Chacun sait ce qui se passe dans un incendie, quand l'incendié a commis l'honnête maladresse de sauver une partie de son mobilier. Toutes les rouries juridiques de nos Compagnies d'assurances entrent alors en jeu pour surestimer la partie sauvée et réduire en conséquence l'indemnité à payer. Si, comme il arrive en ce moment, les prix des matières premières ont monté, non seulement on ne rembourse pas le dommage effectivement subi par suite de cette majoration, mais on prétend même ne pas payer la somme prévue à l'assurance, sous prétexte que l'assuré se serait constitué son propre assureur pour une partie de son risque. Le malheureux qui, de très bonne foi, avait cru se couvrir en payant une forte prime, est exposé à entendre discuter âprement une à une les valeurs d'objets qu'il aurait été beaucoup plus avantageux pour lui de laisser brûler entièrement. Le cas est analogue pour nos régions détruites, par le fait seul qu'une commission des indemnités fonctionne et doit estimer les dommages.

Ces problèmes d'argent sont assurément bien vulgaires et nos puissantes Compagnies minières, habituées à compter sur un très large crédit, ne se les posaient guère autrefois quand elles voulaient engager quelque dépense ; mais elles subissent, en ce moment, le sort général de notre pays, qui s'adapte difficilement à une mentalité de pauvre au milieu du tourbillon effréné des richesses fiduciaires. Quand on veut acheter une machine en Amérique, on est pourtant bien forcé de se rappeler qu'un billet de banque de cent francs ne représente pas cent francs d'or, mais 40 ou 50 francs. Cet état de choses cessera ou s'atténuera le jour où nous n'aurons plus autant d'achats à opérer aux États-Unis et en Angleterre, quand notre propre industrie sera ressuscitée ; mais, comme il faut, pour cela, avant tout, que nos mines de charbon recommencent à produire, les dépenses de leur réfection seront nécessairement réglées ou du moins engagées au total pendant la période du change le plus déprécié. Il viendra, espérons-le, un moment où, à défaut d'arguments sentimentaux sans action, nos créanciers et fournisseurs constateront à leurs dépens que, s'ils ne veulent aboutir eux-mêmes à la ruine, ils sont forcés, dans leur propre intérêt, de nous ouvrir de larges crédits à très longue échéance. Ce jour-là, le problème du change, qui se pose ici à nous incidemment, commencera à se simplifier.

Distribution de force. — La distribution de la force est un des cas où se manifeste le mieux la tendance moderne à la centralisation. Particulièrement sur des houillères, il est tout indiqué d'employer les mauvais combustibles à alimenter des centrales, électriques, qui subviendront ensuite à tous les besoins de la région. Pour beaucoup de raisons, la généralisation de l'électricité s'impose, et toutes nos mines du Pas-de-Calais reconstituées vont désormais employer uniquement des moteurs électriques. L'installation de ces centrales n'a pas été réalisée avec toute la rapidité que l'on aurait pu désirer. Avant même la libération du Nord, la question avait été posée nettement à un de nos ministres particulièrement réputé pour ses connaissances industrielles. « Dès que les Allemands seront partis, nous aurons besoin de force. Nous avons vu nos ennemis poser, en quinze jours, pour des besoins militaires, des transmissions de 45 000 volts ; pouvons-nous compter sur une activité égale pour nos besoins civils ? — Mais évidemment… » Cela se passait en octobre 1918. Un an après, notre mine n'obtenait enfin la force que parce qu'elle s'était décidée à organiser son installation elle-même. Cette anecdote, qui ne surprendra personne, suffirait à montrer qu'il faut distinguer entre les projets grandioses et les réalisations.

En fait, les Compagnies les plus importantes se sont généralement orientées vers la création de centrales électriques considérables, dépassant 60 000 kilowatts et réalisables en plusieurs étapes. Quelques-unes d'entre elles, comme Béthune, Dourges, Aniche, Anzin, fonctionnent déjà et cèdent une partie de leur énergie électrique aux petites Compagnies voisines. Dans le Pas-de-Calais, l'ancienne centrale de Béthune avait échappé à l'invasion ; on y a installé des groupes supplémentaires, et, de cette manière, elle peut alimenter plusieurs autres exploitations. Sa puissance totale est de 25 000 kilowatts, dont elle doit par contrat une dizaine. Dans le Nord, la centrale d'Anzin a été la première réorganisée par la Compagnie elle-même. On va relier toutes ces centrales particulières entre elles et avec un réseau d'Etat à haute tension, qui apportera la force jusqu'à Paris. Grâce à ce système, chacune d'elles pourra économiser les machines de réserve qui lui seraient, sans cela, nécessaires, puisqu'au besoin, des centrales voisines pourront jouer, vis-à-vis d'elle, ce rôle de réserves.

Outillage. — La question de l'outillage est une de celles pour lesquelles les problèmes se posent le plus différemment, suivant le degré de destruction. J'en ai déjà donné un exemple' en disant que les mines du Pas-de-Calais avaient rétrocédé une partie de leurs commandes à celles du Nord. D'une façon générale, dans le Pas-de-Calais, tout ayant été entièrement détruit, on essaye du moins d'en profiter pour organiser des installations d'ensemble, entièrement modernes, sans avoir, comme cela se produit toujours nécessairement dans une vieille mine, à tenir compte et à tirer parti du passé. Des types de machines et de matériel ont été ainsi étudiés en commun et des commandes ont été passées par la Commission technique du groupement.

C'est tout un énorme outillage à reconstituer : machines d'extraction et d'épuisement, turbines, ventilateurs, compresseurs, etc. On s'est efforcé de l'uniformiser, de le « standardiser » le plus possible, et c'est ainsi que l'on a adopté, pour les treuils d'extraction, les pompes, etc. un petit nombre de types susceptibles de répondre à tous les besoins. Il est inutile de dire que, dans l'exécution, on se heurte aux retards qui paralysent, en ce moment, toutes les industries. Ces retards ne sont pas seulement dus aux constructeurs, mais surtout aux transports. On pourrait citer tel envoi fait de la Sarre dans le bassin du Nord, au mois de mai 1919, envoi contenant des pièces de ventilateurs divisées en six wagons, qui, huit mois après, n'était pas encore parvenu à destination ; des pompes qui ont mis un an à arriver de Suisse, etc.

Dans certains cas, on a été amené à commander aux Allemands des machines qu'ils avaient fournies autrefois, puis systématiquement détruites, de manière à s'assurer une vente nouvelle : machines dont ils possédaient les modèles et qu'ils étaient seuls en état de construire.

Main-d'œuvre. — J'ai fait allusion plus haut au retour anticipé des mineurs sur nos mines du Nord. C'est dire que la main-d'œuvre n'a pas manqué jusqu'ici ; mais il n'en sera peut-être plus de même lorsque les mines travailleront à plein et lorsque l'on se trouvera en présence du double déchet, causé : d'abord par les pertes de la guerre ; ensuite, par l'application de la loi de huit heures. La plus grande difficulté, actuellement, est de loger ce personnel. A Anzin, où s'est fait le retour le plus actif, et où l'on est de toutes façons en avance d'une large étape, on a pu assez aisément réparer les cités ouvrières, qui avaient, en général, peu souffert, sauf sur la rive gauche de l'Escaut : on était arrivé ainsi à occuper, dès janvier 1920, la moitié du personnel employé avant-guerre. A Bully-Grenay (Béthune), qui avait travaillé jusqu'au bout sous le bombardement, la cité ouvrière, fait également briller au soleil ses toits neufs. A Lens et dans les mines voisines, où il ne reste plus pierre sur pierre, on en est encore aux installations de fortune en tôle ondulée, en planches, en ciment armé, et c'est à peine si, sur toute l'étendue de Lens, se dressent déjà trois maisons définitives. La question d'argent va jouer ici un très grand rôle. Une maison pour deux ménages, qui pouvait coûter 9 à 10 000 francs avant la guerre, revient aujourd'hui à 50 ou 60 000 francs.

III. — EXAMEN DE QUELQUES CAS PARTICULIERS

Les solutions générales, dont nous venons de nous occuper sommairement, s'associent à d'innombrables solutions particulières qui occupent, en réalité, la plus grande partie de la vie active dans nos malheureuses mines depuis dix-huit mois et dont nous devons dire quelques mots sans abuser des détails techniques, mais en répondant cependant aux questions que tout le monde se pose : « Pourquoi ne peut-on aller plus vite pour réparer nos mines ? Pourquoi, puisque le manque de charbon paralyse la France entière, n'est-il pas possible, en y employant les hommes et l'argent nécessaires, de gagner six mois ou un an sur la remise en marche complète de l'extraction ?... »

J'ai déjà dit que l'on pouvait envisager trois degrés de dévastation : 1° les mines relativement peu atteintes ; 2° celles où il reste encore quelque chose debout ; 3° celles où la destruction a été absolue.

Évidemment, la réfection s'opérera dans le même ordre, avec des difficultés de plus en plus grandes.

1° Commençons par le cas relativement simple d'Anzin, qui a pu travailler jusqu'en octobre 1918, où les dommages de guerre ont été restreints et où les destructions systématiques, effectuées plus à la hâte, ont été moins complètes. Quand on arrive à Anzin après avoir visité Lens, la première impression est que cette région n'a pas souffert et l'on s'étonnerait presque que la production n'eût pas encore entièrement repris. On y voit, par exemple, des cités ouvrières intactes, comme celle du « Pinson, » oasis du temps jadis. Mais la destruction systématique a été poussée beaucoup plus loin que ne le ferait croire ce premier aperçu et nous rencontrons ici les premiers cas de cuvelages crevés : la fosse Thiers à Anzin et trois fosses de l'Escarpelle. Même dans ce cas tout particulièrement favorable, il faut compter cinq ans pour le retour à la production d'avant-guerre. Nous verrons tout à l'heure qu'à Lens, on peut tabler sur dix.

Le premier travail a été, ici comme partout, de déblayer la surface dans les secteurs industriels, de trier pièce à pièce tout ce qui était susceptible de resservir et de rétablir des installations de fortune.

Par exemple, tous les chevalements avaient été détruits : parfois coupés en deux au milieu, parfois renversés à la base. On s'est trouvé là devant un fouillis de ferrailles inextricable, dans lequel il a fallu pénétrer comme dans une forêt vierge en coupant au chalumeau oxy-acétylénique, mais en conservant tous les tronçons utilisables, numérotant et repérant les pièces enlevées pour réajuster le tout. Puis, la place nette, il a fallu réajuster et remplir les vides. C'est un travail de patience qui a été fort bien exécuté par de petits constructeurs liégeois. Pour donner une idée des difficultés auxquelles on s'est heurté, il suffira de citer un grand chevalement moderne de 45 tonnes qui avait été coupé en deux. On a employé, sur ce point, des vérins hydrauliques de 100 tonnes, avec lesquels on a pu remonter peu à peu des pièces pesant 20 tonnes, en rachetant quelques millimètres par quart d'heure. On est ainsi arrivé, avec le temps, à relever ces pièces de 3 mètres et à les mettre en place au demi-centimètre près ; après quoi, on a bouché l'intervalle de 3 mètres demeuré béant entre la base et la partie haute, en utilisant tant bien que mal des morceaux de fer pris ailleurs.

Dans un autre cas, tout un chevalement, coupé au pied, était tombé de sa base en décrivant un angle de 90 degrés. On a utilisé là d'énormes sapins de Lithuanie que les Allemands avaient autrefois fournis à la mine, en guise de boisages pour les galeries, afin de vendre à bon compte des troncs dont ils ne savaient que faire, mais que le hasard des circonstances a rendus plus tard précieux. Avec quatre semblables mais portant des mouffles, on est arrivé à remettre droit le chevalement et à le soulever de cinq mètres pour le replacer finalement sur sa base. Par des moyens de ce genre, on a finalement sauvé une douzaine de chevalements détruits sur trente : ce qui ne représentait pas seulement une économie d'argent, mais surtout un gain de temps considérable. Les autres chevalements en fer ont été remplacés provisoirement par des chevalements en bois ou en ciment armé. Quant à l'outillage, on a pu profiter de ce que les Allemands avaient dédaigné toutes les vieilleries, ne s'attachant judicieusement à détruire que ce qui était moderne. On a ainsi remis en service des machines et treuils datant d'un demi-siècle et, finalement, à force d'ingéniosité, de travail, de persévérance, on a pu sortir d'Anzin la première tonne de charbon dès le 31 décembre 1918.

Mais il reste à résoudre la question la plus grave de toutes, celle des eaux. Indépendamment des venues d'eau inévitables dans une mine en chômage, j'ai déjà dit que l'une des fosses, située sur la rive gauche de l'Escaut, la fosse Thiers, avait eu son cuvelage systématiquement crevé. Nous rencontrons donc ici, pour la première fois, ce problème capital de notre reconstitution minière ; mais il est préférable d'en remettre l'étude au moment où nous nous occuperons de Lens, qui a eu, non pas un seul puits, mais tous ses puits volontairement crevés. Je me bornerai à citer ici un cas où ce genre de réfection s'est trouvé particulièrement simple.

A l'Escarpelle (mine située plus à l'Ouest, entre Anzin et Lens) on a pu explorer les puits crevés, sur lesquels, heureusement, le mal commis n'avait pas réalisé tous les espoirs allemands, d'autant plus que les terrains encaissants sont la relativement peu aquifères. Ainsi, au puits n° 7 *bis*, dont le cuvelage est en fonte, on a constaté trois brèches produites par des explosions, chacune sur environ 3 mètres de diamètre, à des profondeurs de 59, 66 et 64 mètres. Au puits n° 8 également cuvelé en fonte, la brèche de même dimension, débitant 400 mètres cubes par jour, se trouvait à 45 mètres de profondeur. On a réussi à aveugler ces venues d'eau au moyen de béton ; puis on a fait, derrière le masque en béton, une injection de ciment qui a assuré l'étanchéité.

Quand les puits n'ont pas été crevés et que la mine a été seulement envahie par les introductions d'eau naturelles, le problème est toujours beaucoup plus simple. Il l'a été particulièrement à Anzin, par suite du peu de temps écoulé entre l'abandon des travaux et le retour des mineurs français. Quelquefois même les venues d'eau ont été assez faibles pour qu'on ait pu attaquer l'épuisement avec de simples tonneaux portes par des câbles. Mais il ne suffit pas, on le devine, d'avoir épuisé l'eau dans une mine pour pouvoir recommencer le lendemain à y extraire du charbon. L'inondation a passé par-là avec ses ravages habituels, éboulements, boisages pourris, fers rongés par les eaux acides ; gonflement des argiles ayant poussé sur les maçonneries, etc. A cet égard aussi, Anzin s'est trouvé favorisé. On avait eu le temps d'y prendre, pendant l'occupation allemande, quelques précautions en vue d'un chômage que l'on estimait inévitable au moment du recul allemand, tout en ne supposant pourtant pas qu'il serait prolongé à ce point par les destructions systématiques.

En résumé, voici quelle est aujourd'hui la situation d'Anzin. Sur 20 fosses en exploitation avant la guerre, 14 ont été remises en marche par des moyens de fortune, soit qu'elles n'aient pas été noyées, comme la fosse La Grange, sauvée par la vigilance d'un ingénieur et le dévouement d'un chef porion ; soit qu'elles aient pu être dénoyées à l'aide des moyens dont la Compagnie disposait ; soit enfin que les étages supérieurs y aient été accessibles alors que les eaux avaient seulement envahi les étages inférieurs. L'extraction journalière est ainsi passée de 50 tonnes au 1er janvier 1919 à 2 896 tonnes au 31 décembre de la même année et 3 779 tonnes au 15 juin 1920 (contre 11 000 avant la guerre). L'une des fosses en travail réalise même ce tour de force d'atteindre une production locale supérieure à celle d'avant-guerre, malgré le caractère désuet des engins utilisés. Le dénoyage de cinq fosses est terminé. Sur toutes les autres, l'épuisement fonctionne, à l'exception de la fosse Thiers dont, nous l'avons dit, le cuvelage a été crevé. Les chevalements des puits sont, ou achevés, ou en bonne voie d'exécution. Sur 34 machines d'extraction, deux ont été oubliées par l'ennemi, une a été réparée, trois ont été remplacées, douze sont en cours de livraison, douze autres à l'étude. La population ouvrière dépasse 11 000 hommes contre 16 000 autrefois. Comme conclusion, dans cette concession d'Anzin, on pense produire au moins 6 600 tonnes par jour à la fin de 1920 (soit environ 60 pour 100 de l'extraction ancienne) et avoir tout remis en état au cours de 1924.

Les autres mines appartenant à cette même zone relativement épargnée ont obtenu des résultats analogues qui annoncent le retour progressif à un état normal. Aniche, au début de 1920, donnait déjà 1 000 tonnes par jour contre 8 000 avant la guerre. A Ostricourt, la production monte actuellement à 400 tonnes et arrivera à 1 500 à la fin de 1920, quand les machines d'extraction neuves auront pu être installées. Dès la fin de 1920, on espère, dans le Nord, avoir retrouvé la moitié de la production ancienne.

2° Comme second exemple relatif à une mine très dévastée, mais où, cependant, il restait encore quelque chose debout, nous pourrions choisir entre Courrières, Dourges, Meurchin et Carvin. Courrières commence déjà à poser des problèmes exceptionnels. On a eu là des cas de chevalements entièrement disparus dans des entonnoirs d'explosion. Et je n'ai pas besoin d'ajouter que tous les piliers des ateliers de triage, tous les chevalements de puits ont été cisaillés à coups d'explosifs, que les voies ferrées Ont été, rail par rail, détruites à la dynamite. Mais le point important, c'est que les cuvelages de Courrières sont, en général, demeurés intacts, bien que des explosions eussent été savamment préparées par des techniciens experts au voisinage des points faibles où se trouvent ce qu'on appelle des « trousses picotées. » Ce n'est pas le désir de nuire qui a manqué aux Allemands ; on a retrouvé sur certains puits, des projectiles et des caisses d'explosifs inutilisées. Ailleurs, l'explosion n'a pas produit l'effet attendu grâce aux anciens tubes de cimentage restés en place après le fonçage des puits. Ailleurs enfin, le coup de mine a raté. Le mal n'a été important qu'au puits n° 9, dont la partie supérieure a été éboulée par suite d'une explosion qui avait pour but de faire sauter le chevalement au moyen d'une charge de dynamite placée dans la galerie du ventilateur. Par suite, à Courrières, le dénoyage, portant sur 20 à 30 millions de mètres cubes, a pu commencer au début de 1920. On est donc entré là dans la période d'exécution définitive, sur la durée de laquelle il ne faut d'ailleurs pas s'abuser, car elle pourra durer entre un an et 18 mois.

Dans la même zone, Dourges est la mine qui retrouvera le plus vite sa production ancienne. Les dégâts causés aux cuvelages y ont été particulièrement faibles et les mines relativement peu noyées. Les constructions en ciment armé ont ici particulièrement bien résisté. Je ne parle pas, bien entendu, du déblaiement que nous retrouvons partout et dont je vais redire quelques mots en abordant enfin la mine de Lens qui, avec Liévin, Drocourt et la fosse 8 de Béthune, représente le type de la dévastation radicale, absolue, sans restriction.

3° L'aspect de Lens est encore lamentable. On sait combien on s'est battu sur cette malheureuse concession et il n'est pas sain pour une mine d'avoir eu aussi souvent les honneurs du Communiqué. Ici la campagne reste un désert aux trous d'obus lunaires. Tous les villages, tous les emplacements industriels ont été entièrement rasés, pulvérisés, ou réduits à des amas informes de décombres et de ferrailles tordues. Les dévastations voulues, poussées jusqu'à l'extrême degré du raffinement, se sont ajoutées aux effets d'un bombardement effroyable. La plupart des cuvelages ont été crevés une ou plusieurs fois et, depuis plus de quatre ans, l'eau a tout envahi, coulant même parfois au dehors de certains puits, dont l'orifice est situé topographiquement plus bas, comme par un puits artésien. Tous les problèmes se sont donc présentés ici avec leur maximum d'intensité ; mais, en même temps, on a pu faire table rase de toutes les installations passées et concevoir toute une organisation nouvelle sur un plan d'ensemble. A Anzin, nous avons rencontré souvent des réparations, des réutilisations ingénieuses d'engins anciens. Ici rien de pareil. Une fois le nivellement des surfaces effectué par l'enlèvement des décombres, on peut dire qu'on s'est trouvé en face du néant.

Cette première tâche de déblayage a présenté ses difficultés ordinaires, sur lesquelles je ne reviens pas. Il a fallu attaquer des montagnes de briques pilées et de ferrailles tordues comme on ouvre une carrière dans une colline, et quelquefois, ainsi à la fosse 15 de Loos autrefois fameuse par ses installations, cette colline de fers tordus atteignait une hauteur de 80 mètres. Mais, sauf dans quelques cas analogues à celui de la fosse 15, ce déblaiement est aujourd'hui fini et je ne reviens pas sur ce qui appartient maintenant au passé. Les décombres ayant été enlevées, sans que rien encore prenne leur place, on éprouve, en errant dans ce qui fut des cités ouvrières, des installations minières, ou même une ville, une impression analogue à celle que cause la visite d'Ostie ou de Pompéi. Entre des fondations de maisons rasées presque au niveau du sol, où l'on aperçoit des débris de pavages ou de peintures, avec des caves éventrées, les chaussées ont reparu, gardant leurs trottoirs, parfois leurs bornes-fontaines. Des baraquements en planches ou en tôle ondulée abritent les ouvriers de retour (environ 5 000 sur 17 000). Des chevalements en bois ou en béton armé commencent à remplacer provisoirement les grands chevalements en fer, jadis l'orgueil des Compagnies… Mais nous avons déjà eu assez d'occasions de rencontrer ailleurs ces spectacles de détresse et je préfère insister sur le problème essentiel du dénoyage que j'ai réserve jusqu'ici pour en parler à propos de Lens.

Rappelons de quoi il s'agit pour préciser les difficultés insurmontables, qui empêcheront, pendant des années, le retour de nos mines à la vie normale. J'ai dit que l'eau venait des terrains de craie superposés au terrain houiller et qu'elle avait pénétré dans les chantiers de houille parce que les Allemands, en crevant les cuvelages au niveau de cette craie, avaient ouvert une communication entre les deux terrains, l'un aquifère, l'autre exploité par les chantiers de houille, que, dans l'existence normale de la mine, on s'attache essentiellement à disjoindre. Mais, pour les lecteurs auxquels cette situation de nos mines n'est pas connue d'avance, il est nécessaire de préciser.

Quand on creuse un puits de mine à Lens, on entre, presque au ras du sol, dans la craie fissurée et, dès que le puits a rencontré une de ces fissures, on se trouve envahi par l'eau. Le travail des pompes les plus puissantes deviendrait alors bientôt impuissant à épuiser ce flot envahissant et il faut, pour traverser cette zone dangereuse, employer des procédés de congélation ou de cimentage, qui sont ceux auxquels nous allons voir recourir pour réparer actuellement les puits. Grâce à de tels procédés, on traverse les 40 à 50 premiers mètres de craie et, lorsqu'à la base on rencontre la couche dite « la meule, » on commence à respirer un peu. Cependant, la passée difficile n'est pas encore finie ; on doit traverser de nouveau 35 mètres de craie plus compacte et moins aquifère (les bleus) pour atteindre enfin les argiles, « ou dièves, » qui forment, au-dessus du terrain houiller, un manteau imperméable, analogue à celui qui provoque le mécanisme connu des nappes artésiennes dans le bassin de Paris. Ce manteau protecteur des dièves empêche, à l'état normal, l'eau de la craie (située au-dessus) de pénétrer dans le terrain houiller (placé au-dessous). Mais, comme le but du puits est précisément d'atteindre ce terrain houiller et de le mettre en communication avec le jour, on est amené à crever les dièves. A l'état normal, cela n'a pas d'inconvénient. Le puits de mine est, nous l'avons vu, entouré d'un tube étanche en fonte ou en bois (son cuvelage) et ce tube traverse successivement la craie aquifère, les dièves argileuses, enfin le terrain houiller, sans établir aucune communication des uns aux autres. Mais qu'un accident ou une explosion criminelle vienne à crever le cuvelage au niveau de la craie, par cette brèche du cuvelage l'eau se précipite dans le puits et, rencontrant à la base de celui-ci les travaux de mine, elle s'y précipite ; elle les envahit à partir de la base en remontant peu à peu jusqu'au jour. Or, les travaux de mines représentent un énorme vide souterrain, un vide que l'on peut estimer au tiers de tout le charbon extrait depuis l'origine, les deux autres tiers ayant été comblés par les affaissements. Si l'on fait le calcul assez simple, on voit que, dans la seule concession de Lens, il doit exister 17 500 000 mètres cubes d'eau à extraire au-dessus du niveau de 220 mètres de profondeur, qui est un premier grand niveau d'exploitation ; puis encore 9 450 000 jusqu'au niveau de 330, où l'exploitation était également importante, sans parler des quantités analogues qui existent au-dessous jusqu'à la profondeur extrême de 700 mètres atteinte dans un des puits.

Tels sont les chiffres colossaux qu'il s'agira un jour de pomper.

Mais on se tromperait gravement si l'on imaginait qu'il suffit de placer immédiatement des pompes sur les puits de mine et de les mettre en marche. En opérant ainsi, on obtiendrait un résultat qui rappellerait trop celui des Danaïdes, inversé. A mesure que l'on viderait l'eau du puits, il en arriverait d'autre par le réseau des fissures qui parcourt la craie sur des dizaines, des centaines de kilomètres. Aucune pompe, si puissante qu'on la suppose, ne suffirait à un tel travail. Pour aboutir, il faut donc commencer par remettre les puits dans l'état où ils étaient avant la guerre, par reconstituer leur cuvelage crevé et, comme ce travail ne peut se faire sous l'eau, il faut tout d'abord créer artificiellement, autour de chaque puits crevé, sur les 100 mètres de hauteur de la craie, un cercle étanche, à l'intérieur duquel on pompera plus tard quand les communications avec la craie auront été ainsi fermées. Le principe de la méthode consiste dans les opérations suivantes : 1° confection de ce tube étanche au moyen du très curieux procédé que l'on nomme le cimentage ; 2° dénoyage ; 3° réparation des cuvelages ; 4° réparation de la mine. Quoiqu'il s'agisse là d'une question technique, elle est aujourd'hui d'une telle importance nationale et, en même temps, si généralement incomprise dans le public que je crois utile de l'exposer avec quelques détails, afin que le lecteur comprenne la nécessité où l'on est de faire les quatre opérations précédentes suivant l'ordre où je les ai énumérées, d'exécuter chacune d'elles dans des conditions qui demandent un délai irréductible et, par conséquent, de consacrer au moins deux ans pour le tout, sans qu'aucun effort puisse réduire sensiblement cette longue attente.

Il s'agit, nous venons de le voir, d'établir sous terre, depuis la superficie jusqu'à cent mètres de profondeur, dans la craie fissurée, un cercle absolument étanche autour d'un puits crevé et rempli d'eau, dans lequel on ne saurait pénétrer. La solution consiste à injecter par en haut du ciment dans toutes les fissures de la craie que comprend ce même bloc. Ce ciment y prend la place de l'eau, fait prise et, adhérant à la craie d'une manière remarquable, constitue un bloc hétérogène de craie et de ciment, bien compact, au centre duquel on pourra assécher le puits.

Pour cela, on fore, autour du puits qui peut avoir 5 mètres de diamètre, une dizaine de sondages situés sur une couronne circulaire de 12 m. 50. Dans chacun de ces sondages, à mesure que l'on s'enfonce, on fait des injections de ciment bien liquide et à prise suffisamment lente : par exemple, au début, tous les deux mètres, puis avec des intervalles plus espacés. Chacune de ces injections se chiffre par milliers de kilos : de 4 à 7 tonnes quand les fissures sont minces ; jusqu'à 10 à 15 tonnes quand elles sont très larges. Tandis qu'une des injections fait prise, on passe à la suivante. Des procédés ingénieux permettent de se rendre compte jusqu'à quelle distance le ciment s'infiltre, d'empêcher qu'il ne vienne sortir dans le puits, etc.

Au début, le ciment pénètre de lui-même sous la pression correspondante à la profondeur de l'injection ; plus tard, il faut exercer une action de refoulement. On arrive ainsi à consolider, autour de chaque sondage, un cylindre de 5 à 6 mètres de rayon et, quand ces cylindres se relient les uns aux autres, l'opération est réussie. Mais, en général, il faut recommencer ensuite le même travail sur une seconde couronne de sondages ayant un rayon plus petit. Au total, chaque puits peut absorber un millier de tonnes de ciment et demander trois mois et demi à quatre mois. On avait d'abord pensé faire exécuter ce cimentage, comme réparation de guerre, par les Allemands. Mais il en a été de cet espoir comme de la plupart de ceux qu'avait pu faire concevoir l'exécution honnête du traité de paix. Ce sont des entrepreneurs français et belges qui ont dû exécuter le travail. Actuellement, le cimentage s'achève à la fosse 9 de Lens, il est en cours à la fosse 11 et les 7 autres puits que l'on a décidé de cimenter seront achevés pour la fin de 1920.

Quand on aura terminé cette première opération, on pourra enfin commencer le dénoyage, pour lequel on emploiera, sur 15 puits, 15 pompes mastodontes, pesant chacune de 15 à 20 tonnes et suspendues dans le puits au bout d'un câble par un cabestan de 37 tonnes. Ces pompes centrifuges ont été construites de manière à débiter d'abord 2 000 mètres cubes par heure, quand elles seront près de la surface. A mesure que la pompe descendra dans le puits avec les progrès de l'épuisement, son débit diminuera. Quand on atteindra la base de la craie aquifère pour pénétrer dans le terrain houiller vers 130 à 140 mètres de profondeur, le débit sera encore de 5 à 600 mètres cubes par heure ; il tombera à 400 au niveau de 220 mètres et à 350 au niveau de 330 mètres. Ces niveaux de 220 et 330 mètres sont ceux où l'exploitation doit recommencer en grand.

Par les chiffres précédents, on voit que l'on commencera par extraire, sur l'ensemble de la concession, 30 000 mètres cubes d'eau à l'heure. C'est là un petit fleuve équivalent au 25e du débit de la Seine à Paris et dont on a dû très soigneusement étudier l'évacuation. En travaillant jour et nuit, on mettra près d'un an pour achever l'épuisement.

On n'aura pas besoin d'attendre jusque-là pour effectuer les réparations des cuvelages, en remplaçant les garnitures de bois ou les voussoirs de fonte endommagés par les explosions, ni même pour pénétrer dans les travaux de mine supérieurs qui commencent, sur certains puits, à partir de 80 mètres et pour les remettre en état. A partir du moment où l'on atteindra dans un des puits le niveau supérieur d'exploitation, l'abatage du charbon pourra vite reprendre. Une circonstance accidentelle permettra même d'extraire un peu de charbon auparavant, dès la fin de 1920. Il existe, en effet, à Lens, un puits 14 bis, dont le fonçage n'était pas achevé au moment de la guerre et n'arrivait pas au terrain houiller. Ne communiquant pas avec les travaux profonds, il n'a pas été inondé par eux et, n'ayant pas été lui-même crevé ; il se présente comme une simple cuve étanche de 146 mètres de profondeur, il est vrai remplie d'eau, mais facile à vider. Quand on l'aura asséché, on y terminera le fonçage en cours, ce qui représente un approfondissement de 40 mètres ; puis on percera les galeries horizontales par lesquelles on devait atteindre les couches de charbon et l'on aura ainsi la satisfaction de voir extraire du charbon à Lens. Là, comme partout, nous entrons enfin dans la phase où notre reconstitution minière se traduira par des résultats croissants. Mais les chiffres de production resteront bien minimes jusqu'à la fin de 1921. La mine de Lens avait célébré autrefois deux fêtes, l'une pour ses 3 millions de tonnes annuelles, l'autre pour ses 4 millions. Avant de pouvoir renouveler la première, il faudra attendre 1925 et, sans doute, 1930 pour la seconde.

Ainsi, le jour où, à force de travail et d'argent, nous aurons à peu près réparé le mal scientifiquement commis, notre extraction houillère du Pas-de-Calais et du Nord sera restée pendant plus de quinze ans inférieure aux chiffres anciens, alors qu'en régime normal, la courbe de la production s'élevait d'année en année. Devant une telle constatation, il faut reconnaître que les Allemands ont, malgré leurs mécomptes, atteint le but auquel ils visaient et qu'à défaut de compensations prévues, mais peu réalisées, notre industrie tout entière a été mise ; vis à vis de nos voisins, ennemis ou alliés, dans un état d'infériorité, qui n'aurait pas semblé devoir être le prix de nos sacrifices, ni le résultat de notre victoire.

III. — EXAMEN DE QUELQUES CAS PARTICULIERS

ISBN : 978-1985803183

www.ingramcontent.com/pod-product-compliance
Lightning Source LLC
Chambersburg PA
CBHW070953220526
45471CB00007B/3008